Appareil PNV-57E

Intensificateur de lumière

Manuel Technique

БШ 3.803.053 ТО

Прибор ПНВ-57Е

Техническое описание

БШ 3.803.053 ТО

Traduit du Russe par Francis COLLARD

CONTENU

Édition : BoD - Books on Demand, info@bod.fr

Impression : BoD - Books on Demand, In de Tarpen 42,
Norderstedt (Allemagne)

Impression à la demande
ISBN : 978-2-3220-4145-9
Dépôt légal : mai 2023

1. Fonction

L'équipement PNV-57E est conçu pour la conduite de nuit de voitures, chars, tracteurs à chenilles, véhicules de génie civil, transport de parachutistes et bateaux, dans des conditions de lumière naturelle du ciel, de la lune et des étoiles à partir de (3-5) • 10-3 lux et plus.

Le fonctionnement de l'appareil repose sur le renforcement de la faible lumière du ciel nocturne et des rayons invisibles par les yeux, qui sont réfléchis par la route et les objets locaux, et sont ainsi transformés en une image visible par l'oeil. La faible lumière réfléchie par la route ou les objets est projetée à l'aide de lentilles binoculaires sur des photocathodes convertisseurs électro-optiques (ЭОП). Les photocathodes ont une très grande sensibilité à la lumière.

L'image sur la photocathode de chaque tube image (ЭОП) due à l'irradiation d'électrons par la cathode, est transformée en une image électronique. A son tour, l'image électronique est transférée sur l'écran luminescent sous l'action d'un champ électrique de haute tension, et se concentre sur elle. Les électrons frappent l'écran lumineux et le font briller selon les contours des objets perçus par les lentilles de l'optique

Ainsi, l'image électronique est reproduite sur l'écran de l'intensificateur d'image (ЭОП) en une image visible qui peut être vue par l'observateur à travers les oculaires.

La présence de deux tubes dans le binoculaire permet à l'observateur de regarder avec les deux yeux, en une vision stéréoscopique, et une profondeur de perspective normalement perceptible.

La haute tension pour l'écran du convertisseur électro-optique (ЭОП) est créée par une unité d'alimentation haute tension.

En absence d'éclairage nocturne naturel de valeur significative, des éclairages de (3-5) • 10-3 lux peuvent être utilisés comme éclairage artificiel de la chaussée, en créant ainsi un éclairement ne dépassant pas (3-5) • 10-3 lux

2. DONNÉES TECHNIQUES

2.1. Champ de vision de l'appareil :   au moins 35 °
2.2. Grossissement :   1 - 1.2
2.3. Résolution maximale
    au centre du champ de vision :   au moins 33 lignes / mm
2.4. Résolution de travail
    au centre du champ de vision :   au moins 26 lignes / mm,
2.5. Réglage dioptrique de l'oculaire :   + 5 / - 5, dioptries
2.6 Tension d'entrée   12-15.5 / 24-30.5 Volts
2.7 Tension de sortie,   19,5 + 1 / -3 KiloVolts
2.8. Temps de fonctionnement continu de l'appareil :   au moins 8 heures,

3. COMPOSITION DE L'APPAREIL

3.1. L'appareil comprend:

Binoculaire et alimentation haute tension monté sur un casque de tankiste	1 pc
Support (УФС-8)	2 pièces
Support (KC-19)	2 pièces
Câble adaptateur	1 pc
L'appareil PNV-57E. Manuel technique	1 copie.
Appareil PNV-57E. Set PNV-57ET Set PNV-57ETS. Instructions d'Utilisation	1 copie.
Formulaire	1 copie
Valise	1 pc

3.2. Pièces de rechange et accessoires

Clé 5.5 X 7	1 pc
Clé 7 X 12	1 pcs
Ressort	3 pcs
Rondelle (épaisseur 0,2 mm)	3 pièces
Filtre de couleur (УФС-8)	1 pc
Filtre de couleur (KC-19)	1 pc
Tournevis	1 pc
Rondelle (épaisseur 0,8 mm)	2 pcs
Serviette	5 pcs
Pinceau	1 pc

4.1. Binoculaire

Le binoculaire est constitué de deux tubes parallèles monoculaire reliés ensemble à l'aide d'un dispositif à charnière. La figure 1 montre en coupe l'un des monoculaires dans lequel se trouvent l'objectif 1, le convertisseur électro-optique 2 et l'oculaire 3.

Le boîtier 4 de chaque monoculaire est un tube avec ouverture vers le monoculaire et deux pattes de fixation pour la charnière. Dans la paroi du boîtier, il y a une ouverture pour le câble haute tension 6

Le câble se termine par un manchon en caoutchouc 7. Le manchon est fixé sur la broche 2 du transducteur.

Une telle construction est due aux caractéristiques du convertisseur qui ne permet pas de déconnecter le câble du binoculaire sans perturber l'alignement

Le boîtier est fermé par un couvercle 5 de forme demi-cylindrique. Le couvercle est attaché au boîtier comportant la jonction du câble 6, et est scellé avec du mastic imperméable. L'objectif 1 est vissé sur la partie cylindrique du boîtier par un filetage

L'objectif a une focale de 37 mm et est composé de neuf lentilles. Le convertisseur électro-optique 2 est fixé dans le boîtier avec un capuchon 8 et quatre vis. Le capuchon est en matériau isolant. Un oculaire 3 est fixé au couvercle à l'aide de trois vis: l'oculaire a une focale de 15 mm et se compose de quatre lentilles.

Pour l'adaptation parfaite du parallélisme des axes optiques des jumelles, une fixation flottante de l'oculaire avec le boîtier est prévue. L'adaptation des oculaires aux yeux de l'observateur est réalisée par la rotation des oculaires comportant les oeillères 9.

4.1 Binoculaire

La position des oculaires est automatiquement fixée par le verrou à ressort 10, et la bague 11 coulissante et moletée,. Pour assurer l'adaptation des oculaires à l'écartement des yeux de l'observateur, le binoculaire est doté d'un dispositif à charnière. L'écartement peut varier de 58 à 74 mm.

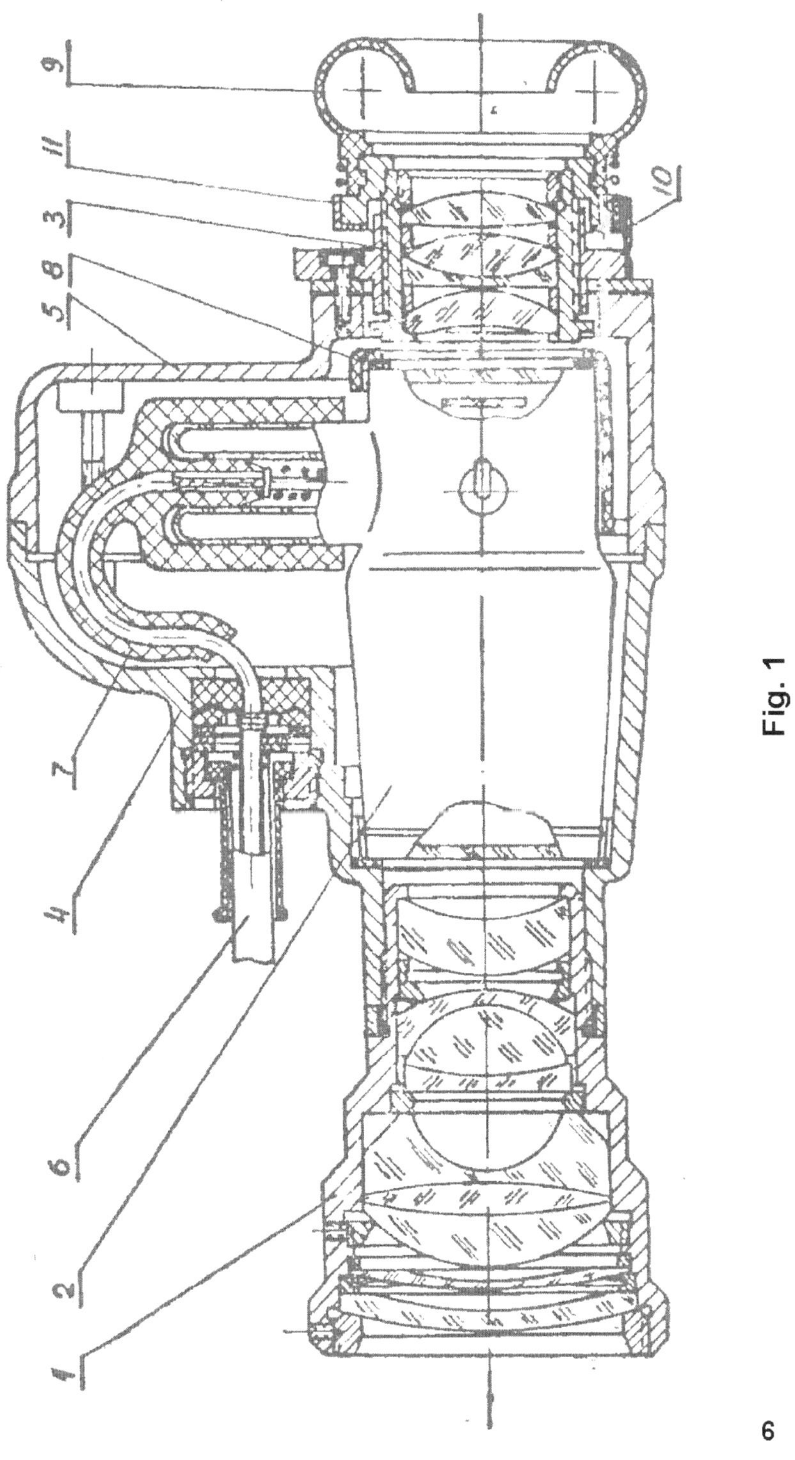

Fig. 1

4.2. Bloc d'alimentation

Le bloc d'alimentation du ПHB-57E (PNV-57E) convertit la tension continue du réseau de bord en une haute tension constante nécessaire pour alimenter le convertisseur électro-optique.

L'unité fonctionne dans deux plages de tension de 12 à 15,5 V et de 24 à 30,5 V. La tension de sortie nominale est de 19,5 kV. Consommation maximale ne dépassant pas 6 watts. La commutation entre 24 V et 12 V se fait automatiquement.

Le schéma de principe de l'unité d'alimentation (Fig. 2) comprend les parties suivantes:

ОГН – limiteur de tension;

СТН - stabilisateur de tension;

ППН- convertisseur de tension;

B - Redresseur.

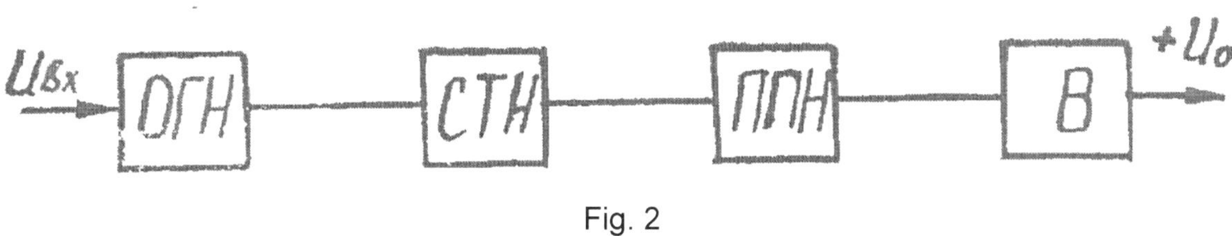

Fig. 2

La tension du réseau de bord du véhicule est fournie au stabilisateur, via le limiteur de tension, qui maintient une tension constante à l'entrée du convertisseur de tension.

: Dans le convertisseur, cette tension continue stabilisée est convertie en alternatif, via le transformateur haute tension et va au redresseur où elle est alors multipliée. Dans le redresseur, la tension alternative est convertie en une haute tension continue, alimentant le convertisseur électro-optique.

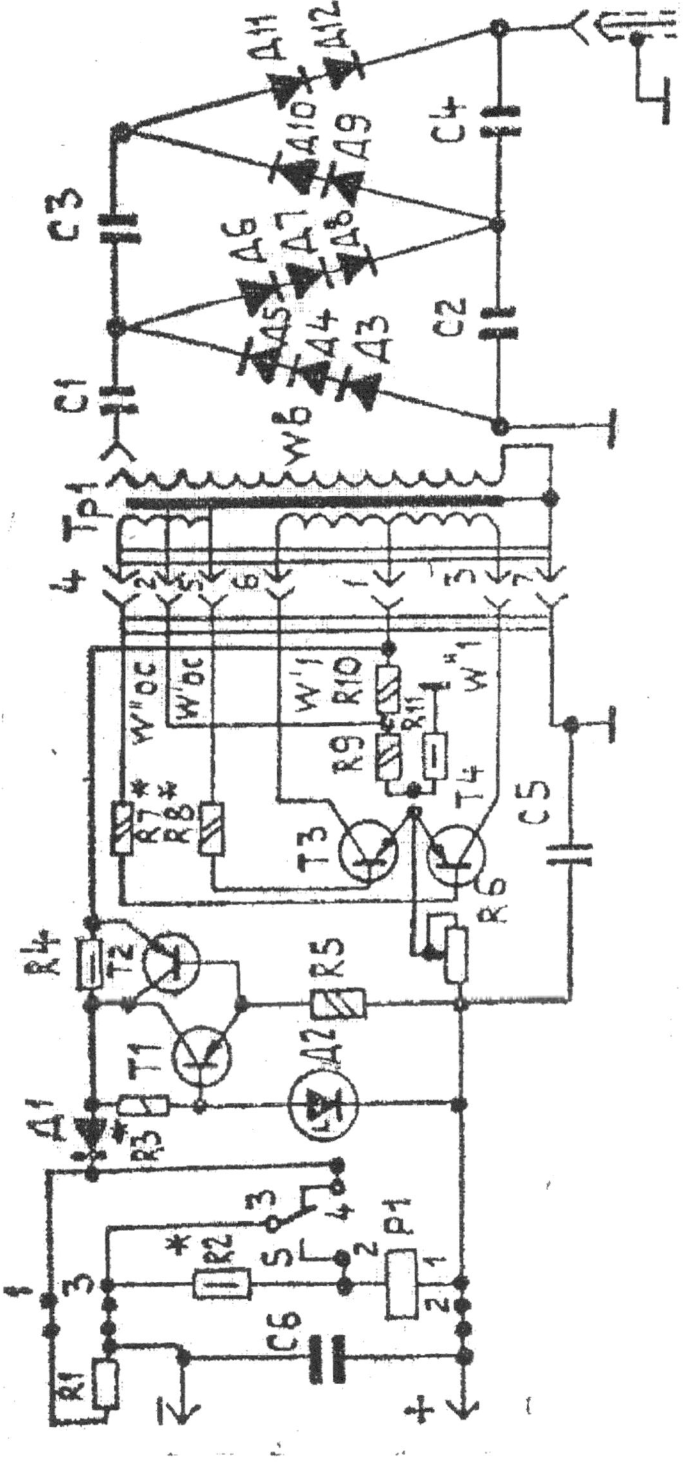

Fig. 3. Schéma Electrique de Principe du Bloc d'Alimentation

C1 —C;4— Condensateur 16 — 150 pF
C5 — Condensateur 50 — 10000 pF
C6 — Condensateur 0,068 µF
T:|, T3, T4 — Transistor МП25Б
T2 — Transistor П217Г
Д1 — Diode Д226А
Д2 — Diode Zener Д814В
Д3—Д 12—Redresseur sélénium 3ГЕ220АФ
P1 — Relais РЭС-34
Tp1 —Transformateur

R1 Résistance ballast — 80 ohm
R2 Résistance 0,5 — 390 ohm
R3 Résistance 0,25 – 430 ohm
R4 Résistance 0,5 — 200 ohm
R5 Résistance 0,125 – 1,3Kohm
R6 Résistance Variable 33 ohm
R7 Résistance 0,125 – 91 ohm
R8 Résistance 0,125 – 91 ohm
R9 Résistance 0,125 – 82 ohm
R10 Résistance 0,125 – 910 ohm
R11 Résistance 0,5 – 2Kohm

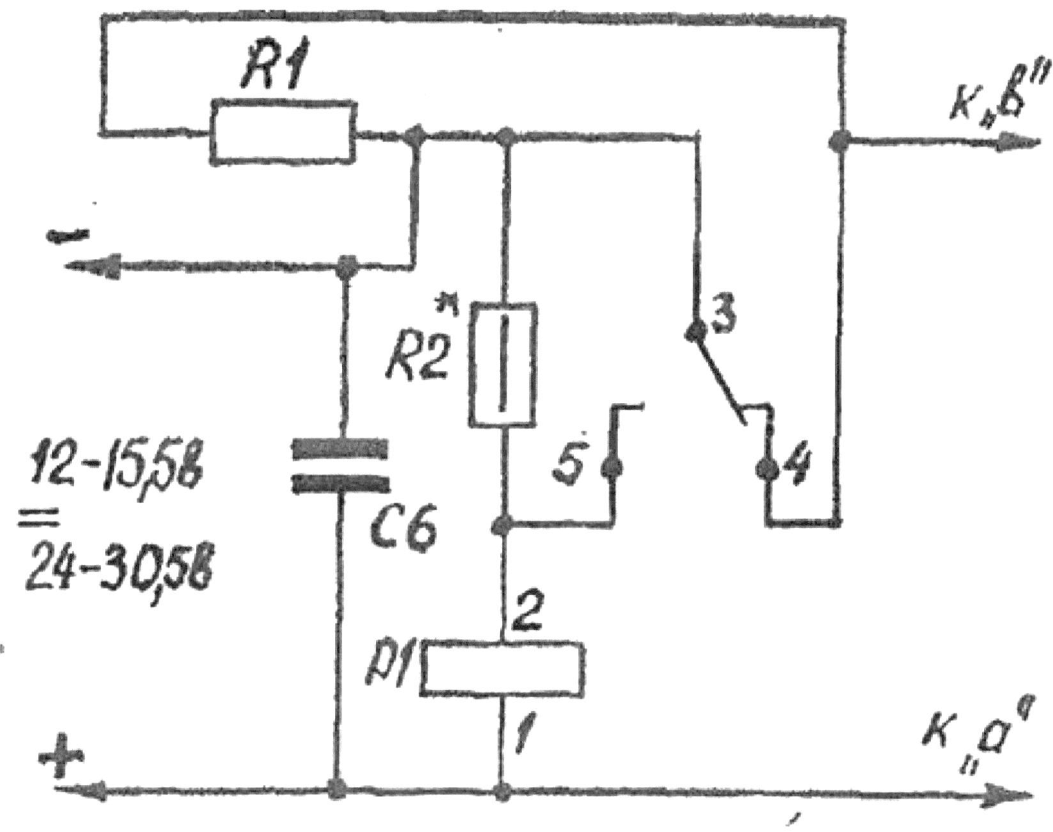

Fig. 4. Schéma du limiteur de tension électrique

Le limiteur de tension (Fig. 4) est destiné à limiter la tension d'entrée du stabilisateur lorsque l'unité fonctionne à partir d'un réseau du bord de 24 - 30,5 V. Il est composé des résistances R1, R2 et du relais P1.

Le principe de fonctionnement de l'unité est le suivant sur un réseau de 12–15,5 V, la tension d'entrée va aux contacts normalement fermés de 3-4 du relais P1, qui by-passent la résistance R1 et alimente le stabilisateur au complet. Lorsque l'unité est connectée à un réseau 24-30,5V, le relais P1 commute, les contacts 3-4 s'ouvrent et la résistance R1 est incluse dans le circuit d'alimentation de l'unité. Sur la résistance R1, la tension secteur est en partie réduite et une tension comprise entre 12 et 17 V est appliquée au stabilisateur.

Le condensateur C6 est placé dans la structure au bout du câble torsadé, et sert à réduire le niveau d'interférence radio généré par le fonctionnement du bloc d'alimentation.

4.2.2 Stabilisateur de tension

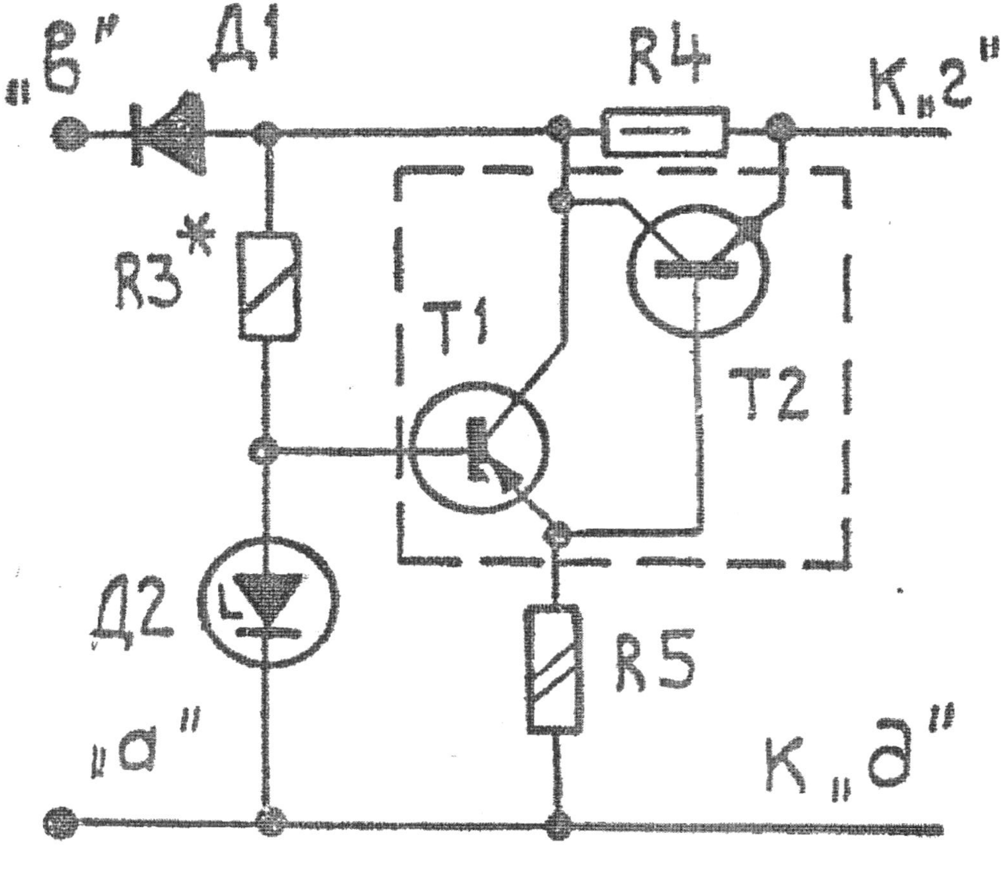

Fig. 5. Schéma électrique de principe du Stabilisateur de Tension

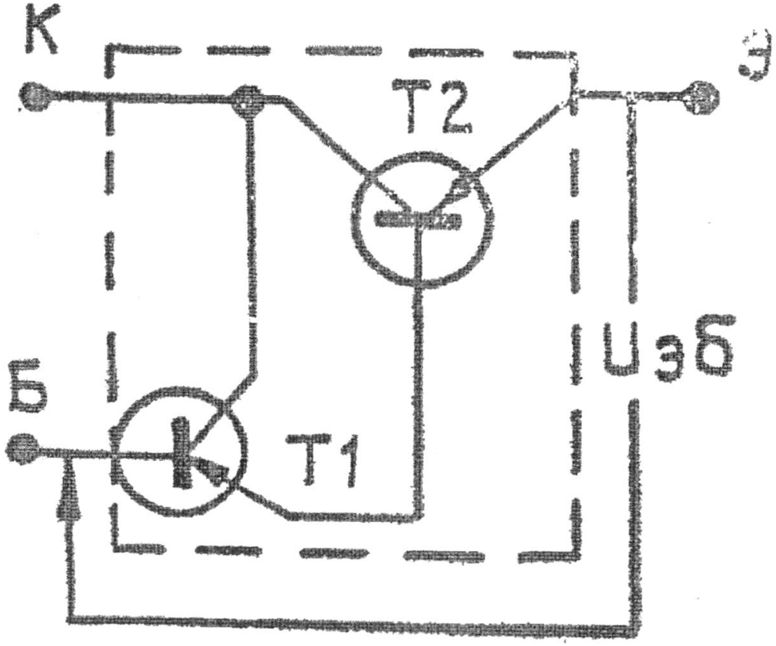

Fig. 5a. Transistor Composite (Darlington)

4.2.2 Stabilisateur de Tension (CTH)

Le stabilisateur de tension est un émetteur suiveur avec une tension fixe sur la base

On utilise, en tant qu'élément de régulation dans le stabilisateur, un transistor composite constitué des transistors T1 et T2 (figure 5a).

La source de tension de référence "Уоп" est la diode Zener Д2, qui règle la tension à la sortie du stabilisateur.

La tension à la sortie du stabilisateur est déterminée par:

Увых == Уоп — Уэ-б, où Уэ-б — est la tension de commande entre l'émetteur et la base du transistor composite.

Lors du changement de la tension dans le réseau de bord, le courant traversant la diode Zener Д2 change (limité par la résistance R3), mais la valeur de la tension sur la diode Zener ne change pratiquement pas, c'est-à-dire que Уоп=Constante. D'autre part, lors d'un changement de la tension de sortie du stabilisateur, la tension de commande de Уэ-б du transistor composite change. Lors d'une augmentation de la tension de sortie du stabilisateur, Уэ-б diminue, entraînant un verrouillage plus important du transistor et une augmentation immédiate de la résistance entre l'émetteur-collecteur. Lorsque la tension diminue à la sortie du stabilisateur, la résistance entre émetteur-collecteur diminue.

Ainsi, le transistor composite fonctionne comme une résistance dynamique générant une tension constante à la sortie du stabilisateur. La diode Д1 protège le circuit électrique de l'appareil si la polarité de la tension d'entrée n'est pas conforme.

4.2.3. Convertisseur de tension (ППН)

Le Convertisseur DC / DC est constitué d'un circuit push-pull avec émetteur commun comportant deux transistors-MP25B, fonctionnant alternativement en mode actif.
Le schéma de circuit du convertisseur est présenté en figure 6.
Le principe de fonctionnement du convertisseur est le suivant:
lorsque le convertisseur est connecté à une source de tension alimentant la base des transistors T3, T4 (fig.6), il se produira une légère polarisation négative sur les bases, créée par le diviseur de tension R9, R10. en conséquence, la résistance de sortie des transistors diminuera et un courant apparaîtra dans les circuits de collecteur. En raison de non-identité

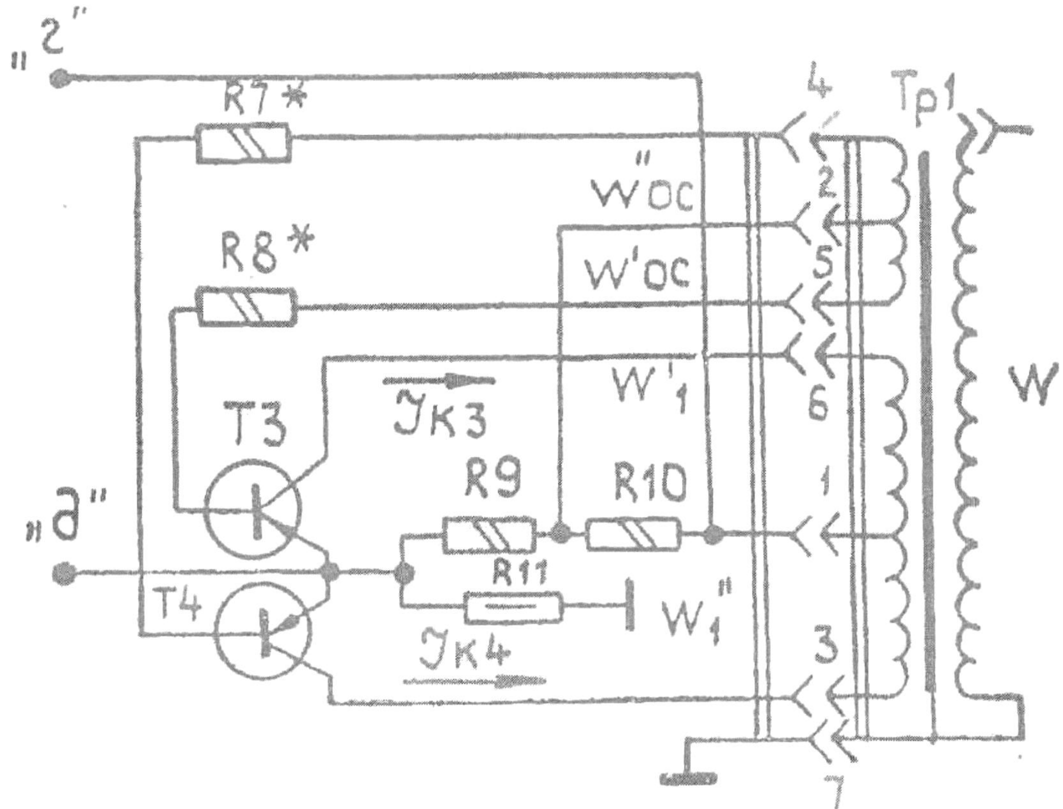

Fig. 6, Schéma électrique de principe du convertisseur de tension

des paramètres électriques des transistors, les courants Ik3, Ik4 créés par les transistors dans les enroulements W1', W1" seront inégaux et un courant différentiel apparaîtra, ce qui provoquera une modification du flux magnétique du transformateur Tp1; et par conséquent, une force électromotrice (ЭДС) apparaîtra sur les enroulements de contre-réaction W'oc, W"oc du transformateur. Les enroulements de contre-réaction sont activés de sorte que, lorsque le courant Ik3 est supérieur au courant Ik4, la force électromotrice (ЭДС) créée dans l'enroulement de contre-réaction W'oc appliquera un potentiel négatif sur la base du transistor T3. Cette force électromotrice ЭДС fait conduire encore plus ce transistor, la résistance de la jonction émetteur-collecteur baisse et le courant dans l'enroulement W1' du collecteur augmente

Dans le même temps, l'augmentation du flux magnétique augmente encore plus la force électromotrice ЭДС dans l'enroulement de rétroaction et augmente donc encore plus le courant Ik3. Cette augmentation de courant se produira jusqu'à ce que le transistor T3 soit complètement conducteur, c'est-à-dire qu'il passera en mode de saturation

Simultanément à une augmentation du courant Ik3, le courant Ik4 diminue en raison d'une augmentation de la force électromotrice ЭДС dans le bobinage de contre-réaction W'oc, car dans ce cas, la force électromotrice ЭДС dans le bobinage de contre-réaction applique un potentiel positif sur la base du transistor T4,

Lors de l'arrivée à la saturation du transistor T3, le flux magnétique cesse de changer. La tension dans l'enroulement de rétroaction chute au minimum. La résistance émetteur-collecteur du transistor augmente, et le courant passant par W'1 diminue. La diminution du courant Ik3 entraîne l'apparition d'un flux magnétique de polarité inverse. Lorsque cela se produit, il y a blocage du transistor T3. La force électromotrice ЭДС, apparaît dans l'enroulement de retour W'os, qui débloque le transistor T4, le courant Ik4 augmente. Le processus ci-dessus se répète .

Ainsi, un mode d'oscillation continue sera établi dans le circuit du convertisseur de tension. La tension alternative provenant de l'enroulement des collecteurs est transférée dans un enroulement haute tension W et alimente un redresseur à demi-onde avec un multiplicateur de tension.

Pour réduire le niveau du champ radio généré par l'alimentation, un condensateur de découplage C5 est placé entre le contact positif du connecteur basse tension et le corps du bloc: (Figure 3). Les émissions induites sur le boîtier par la force électromotrice ЭДС lors du fonctionnement du convertisseur sont filtrées par ce condensateur C5.

4.2.4. Redresseur de Tension

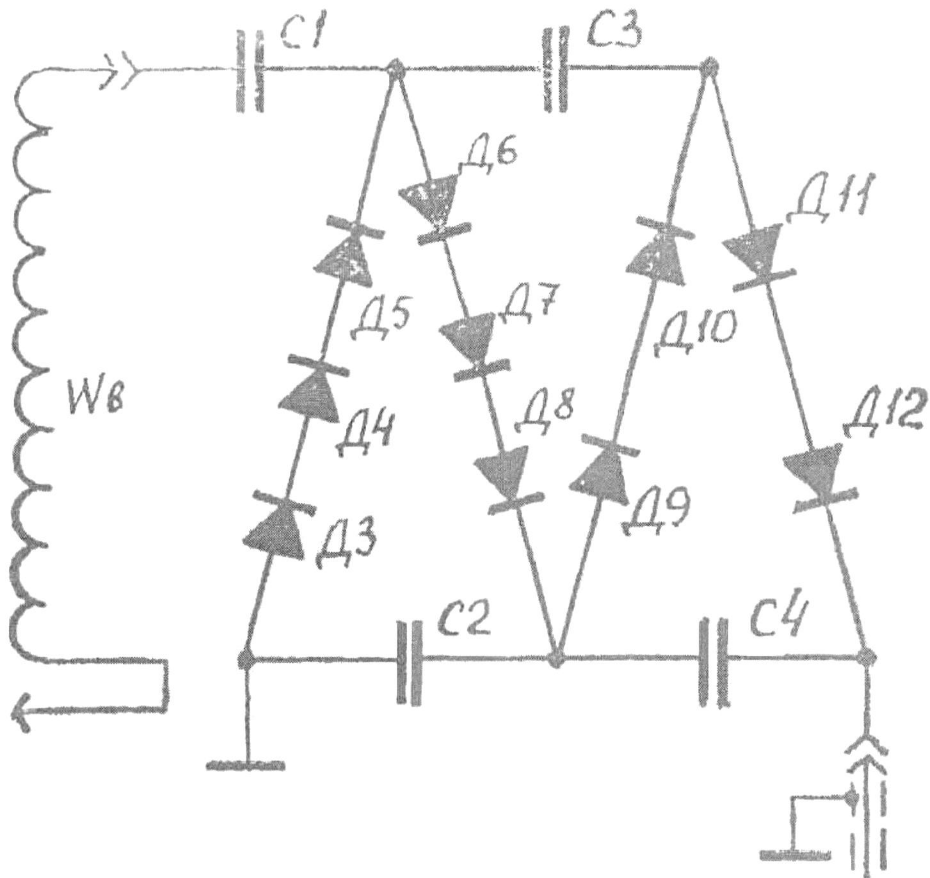

Fig. 7. Schéma électrique de principe du redresseur de tension

Le redresseur (Fig. 7) est constitué de 4 condensateurs (C1 - C4) de type K74-T et de dix redresseurs au sélénium 3ГЕ220   АФ   (Д3-Д12).

Un circuit redresseur demi-onde est utilisé dans le redresseur avec multiplication (quadruple) tension. La multiplication de tension se produit de la manière suivante: dans la demi-période négative de la tension alternative, le condensateur C1 est chargé dans le sens passant par les redresseurs Д3 - Д5 dans le sens de la conduction, approximativement à la valeur de crête de l'amplitude   de la tension UA de l'enroulement haute tension du transformateur Tr1.

Dans la demi-période suivante, lorsque la polarité de la tension de l'enroulement du transformateur change, la tension Uc2 sera appliquée au condensateur C2 via des redresseurs. D6 - D8 qui deviennent passant, et elle est égale à la somme des tensions sur le condensateur C1 et sur l'enroulement du transformateur : Uc2 = Uc1 + UA ~ = 2UA.

Le condensateur C2 est donc chargé de manière à doubler l'amplitude de la tension de l'enroulement haute tension du transformateur.

La tension de demi-cycle typique sur l'enroulement de sortie du transformateur sera opposée en phase à la tension sur le condensateur C1. Leur somme sera égale à zéro. Uc1 - UA= 0, et une tension de la valeur de Uc2 ~ = 2UA.sera appliquée au condensateur C3 par le biais des redresseurs Д9 - Д10

Le condensateur C3 a donc également été chargé à une valeur de 2Ua. De même, dans la demi-période positive suivante, le condensateur C4 est chargé par le biais des redresseurs Д11 - Д12 à une tension de Uc4 = Uc3 ~ = 2UA

La tension à la sortie du redresseur est égale à la somme des tensions sur les condensateurs C2 et C4:

Ubx = Uc2 + Uc4 ~ = 2UA+ 2UA = 4UA

c'est-à-dire égale à près de quatre fois la valeur d'amplitude de la tension sur l'enroulement haute tension du transformateur Tr1.

4.3. Composition du bloc d'alimentation

L'alimentation est constituée extérieurement d'un boîtier moulé 1 (Fig. 8) de forme rectangulaire à angles arrondis, recouvert d'un couvercle supérieur 2. Le couvercle est relié au boîtier à l'aide de 4 vis et scellé avec du mastic imperméable. Sur le boîtier, deux boucles 4 sont rivetées sur les côtés pour la fixation du bloc d'alimentation sur le casque, la troisième boucle du même type est rivée sur le boîtier Le couvercle présente deux passages vers l'extérieur: l'un avec un câble basse tension 14 qui alimente l'alimentation de l'équipement, l'autre avec un câble haute tension qui alimente en tension les convertisseurs électro-optiques du binoculaire. À l'intérieur du boîtier, les trois unités électriques du bloc d'alimentation sont montées à l'aide de vis, et dans lesquelles sont montés tous les éléments du circuit électrique:
La plaquette 5 avec le stabilisateur et les éléments de conversion;
Le transformateur 6;
Le redresseur haute tension 7.
Le contact électrique entre les unités est réalisé par des connecteurs.
La plaquette est en fibre de verre laminée et comporte un circuit imprimé. Sur la plaquette d'une part, il y a: un relais P1, une résistance R2; une résistance variable R6; un condensateur C5 et les éléments régulateurs de tension: diode Д1; résistances R3, R4, R5: diode Zener Д2; transistors T1, T2; d'autre part - bloc de connexion 9 pour la connexion au connecteur de transformateur et aux éléments de conversion: transistors T3, T4; résistances R7, R8, R9, R10, R11. Au centre de la carte, il y a une fenêtre rectangulaire dans laquelle le transformateur haute tension 6 est logé en saillie.

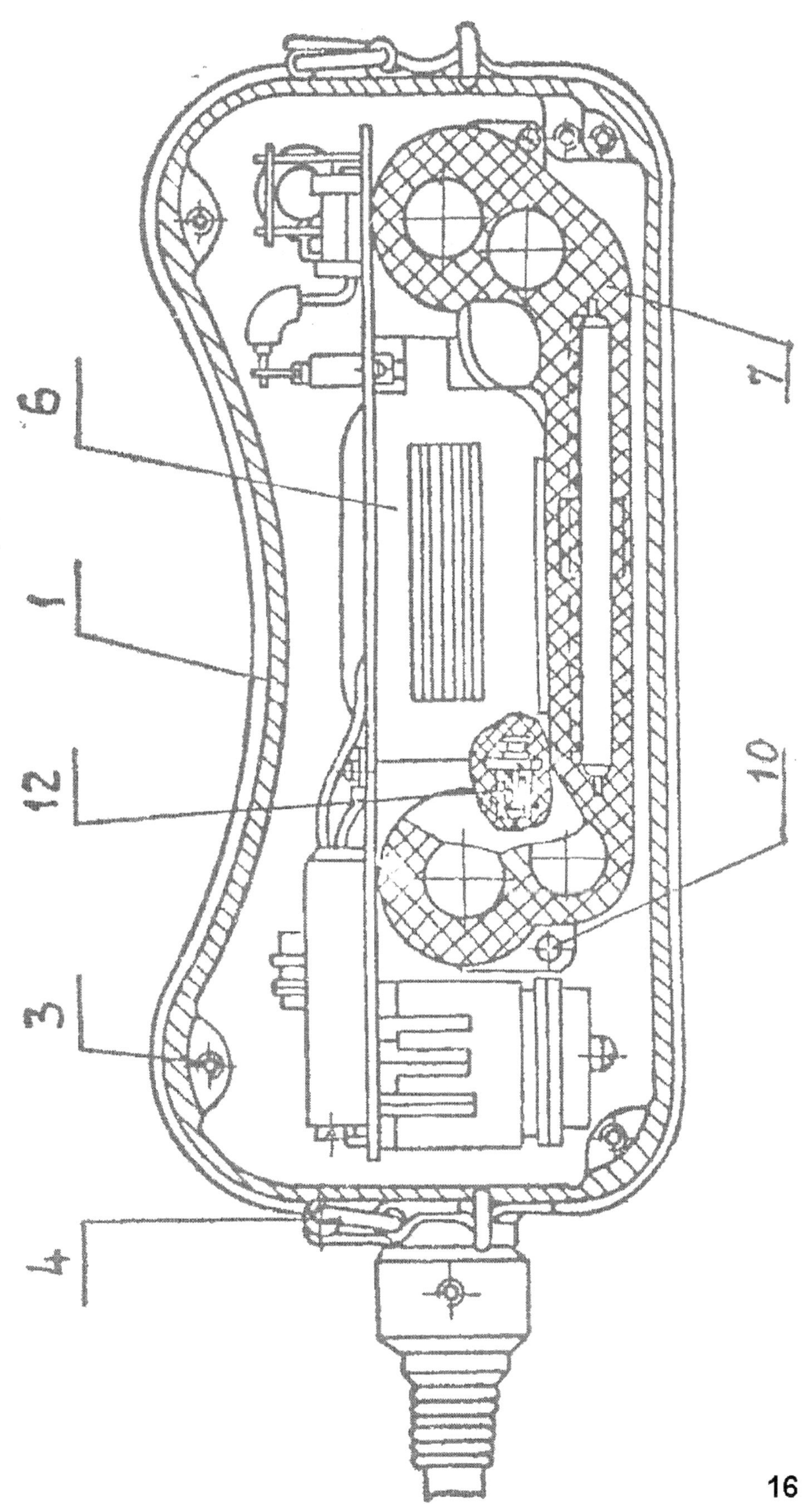

16

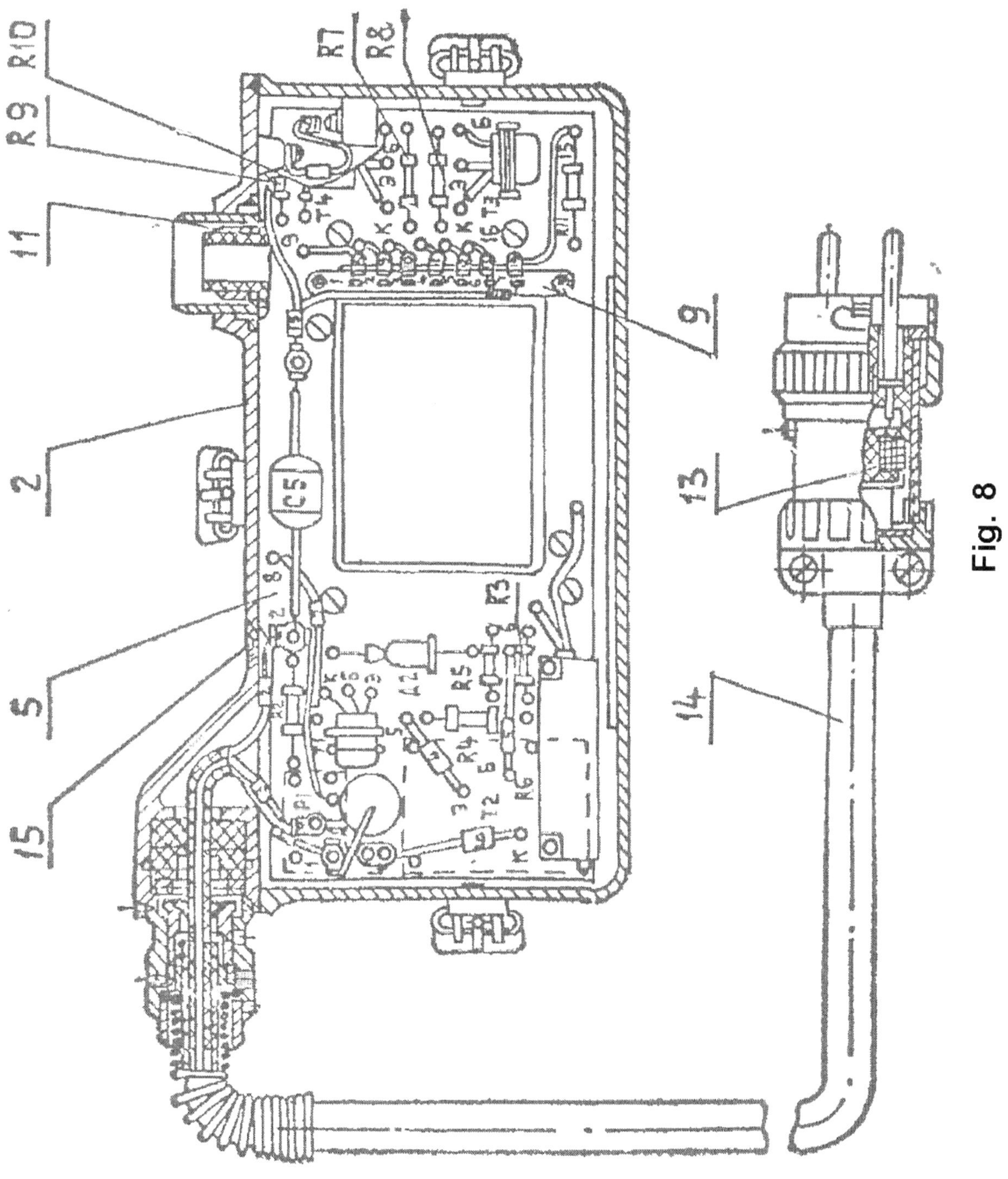

R9 R10
R9
R7
R8
11
2
5
15
9
13
14
C5
17
Fig. 8

Le transformateur est assemblé sur un noyau de permalloy, et fixé sur le couvercle. L'enroulement haute tension du transformateur est constitué de deux demi-enroulements, chacun d'eux étant intégré dans un cadre en résine polyamide distinct. Sous l'un des demi-enroulements, l'enroulement des collecteurs et l'enroulement de rétroaction sont enroulés directement sur le cadre. Les extrémités de tous les enroulements se terminent par des cosses. Les broches sont utilisées pour se connecter au bloc de connexion 9. Tous les éléments du transformateur sont moulés dans un composé hautement isolant,

Un redresseur haute tension est un moulage à partir d'un composé. Les redresseurs au sélénium Д3 - Д12, les condensateurs C1 - C4, les pièces de contact avec le transformateur et le noyau, ainsi que des raccords de fixation sont moulés. Les connexions des redresseurs au sélénium sont moulées.

La connexion de tous les éléments et pièces inclus dans le circuit redresseur de tension *est* réalisée par soudure.

Dans la partie cylindrique de la coulée, il y a un presse-étoupe filetée avec un orifice pour l'entrée de câble haute tension.

La fixation du redresseur haute tension 7 sur le couvercle 2 du bloc est réalisée à l'aide de deux vis en 10, les vis 15 et les écrou 11, traversant les ouvertures du moulage. Le raccord haute tension est relié au transformateur par un contact à ressort 12.

La résistance R1 est réalisée avec du fil PEVNH F 0.3 sur le cadre 13 en matériau isolant et bridée sur la fiche du câble basse tension afin de réduire l'échauffement de la résistance.

4.4. Câble adaptateur

Le câble adaptateur (fig. 9) est conçu pour connecter l'unité d'alimentation haute tension au réseau électrique du véhicule. Il consiste en une fiche 1, un câble 2, une double prise 3 et un adaptateur 4.

Lorsqu'on utilise l'équipement sur des véhicules équipées d'une prise de voiture automobile, le câble de connexion au réseau est relié directement avec la fiche 1.

Lorsqu'on utilise l'équipement sur des véhicules équipées d'un système enfichable (tracteur à chenilles), le connecteur 1 est connecté à l'adaptateur 4 qui est branché dans une prise du véhicule

La double prise 3 permet d'alimenter deux appareils simultanément à partir d'un seul câble adaptateur (l'un pour le pilote, l'autre pour le commandant).

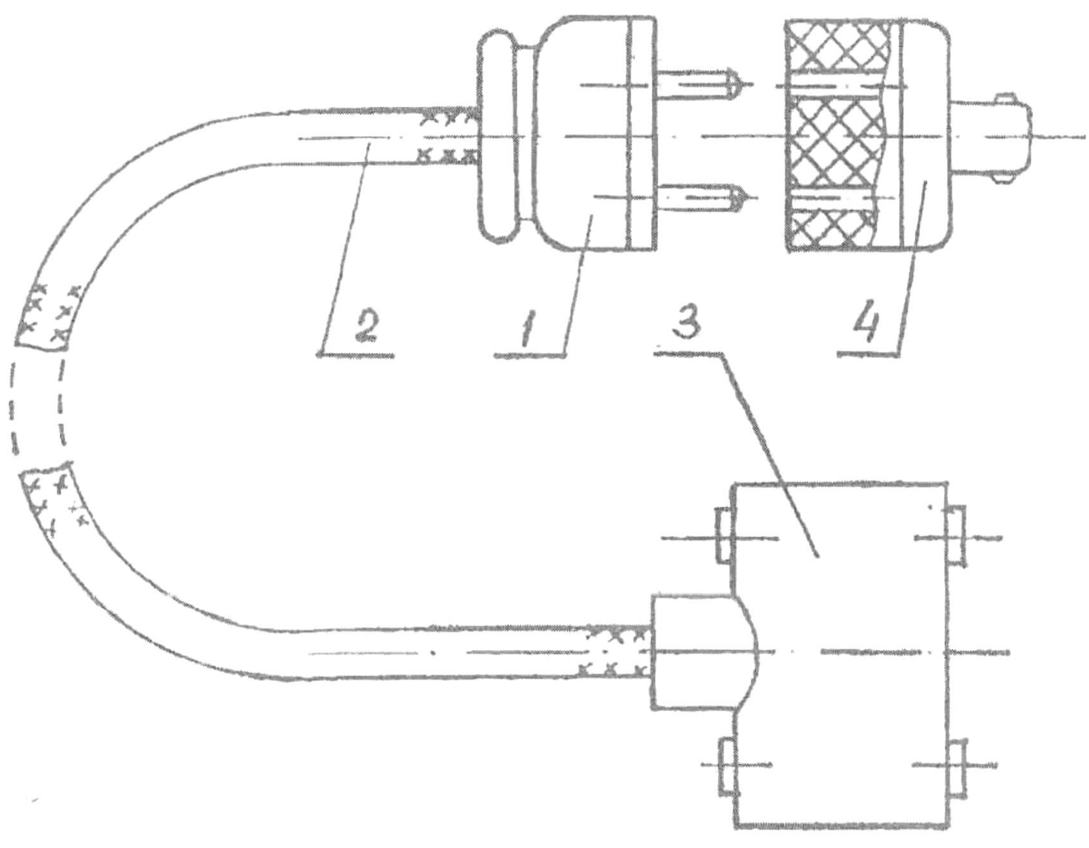

Fig 9

4.5 Sources d'éclairage artificiel

Pour assurer le mouvement du véhicule dans des niveaux de lumière ambiante naturelle inférieurs à (3-5) 10-3 lux, les phares équipés de buses d'obscurcissement en mode "ЧЗ" (M3) sont utilisés, dans lesquels des supports spéciaux avec filtres sont installés. (4,   5)
(Fig. 10). !
Le support est constitué d'un corps dans lequel un filtre de lumière trapézoïdal est maintenu dans un cadre en caoutchouc.
Les supports occultants des phares sont maintenus au moyen de ressorts à lames. Dans les buses opaques, dans lesquelles la lentille supérieure est en verre СЭС-5, utiliser les supports en verre KS-19. Lorsque la lentille supérieure est du verre incolore , utiliser les supports en verre УФС (violet). Les supports sont installés dans les boîtiers

5. MISE EN PLACE ET INSTALLATION

L'ensemble de l'équipement est emballé et transporté dans une caisse en métal. Les éléments de l'ensemble de l'appareil sont illustrés à la Fig. 10

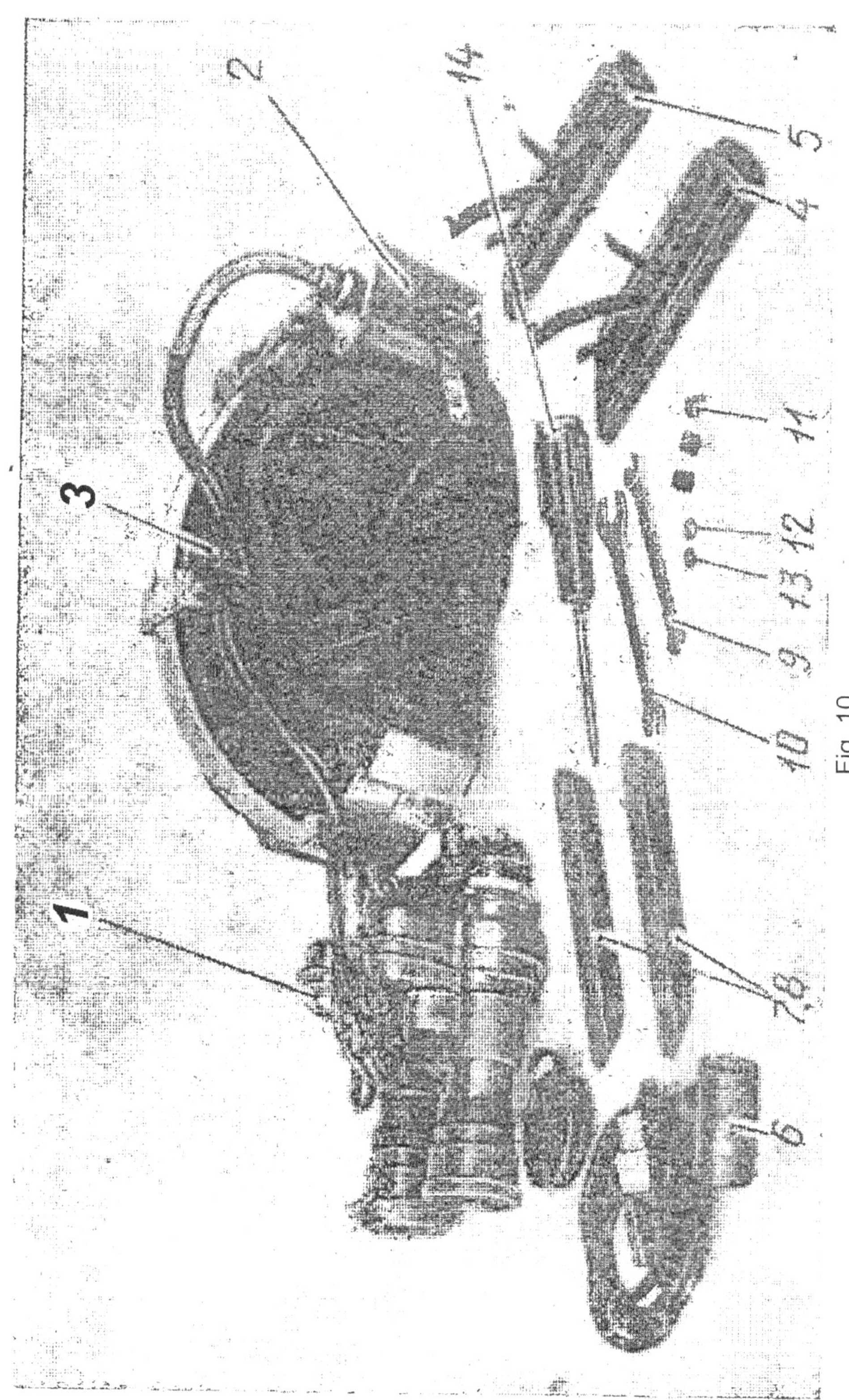

Fig. 10

1.- Binoculaire , 2.- Bloc d'alimentation , 3.- Casque , 4.- Insert (УФС-8) , 5.- Insert (КС-19) , 6.- Câble adaptateur
7.- Filtre de couleur (УФС-8) , 8.- Filtre de couleur (КС-19) , 9.- Clé 5,5 X 7 , 10.- Clé 7 X 12 , 11.- Ressort
12.- Rondelle (épaisseur 0,2mm) , 13.- Rondelle (épaisseur 0,8mm) , 14.- Tournevis

L'emplacement des pièces principales du kit sur le casque en position de travail est indiqué à la fig. 11

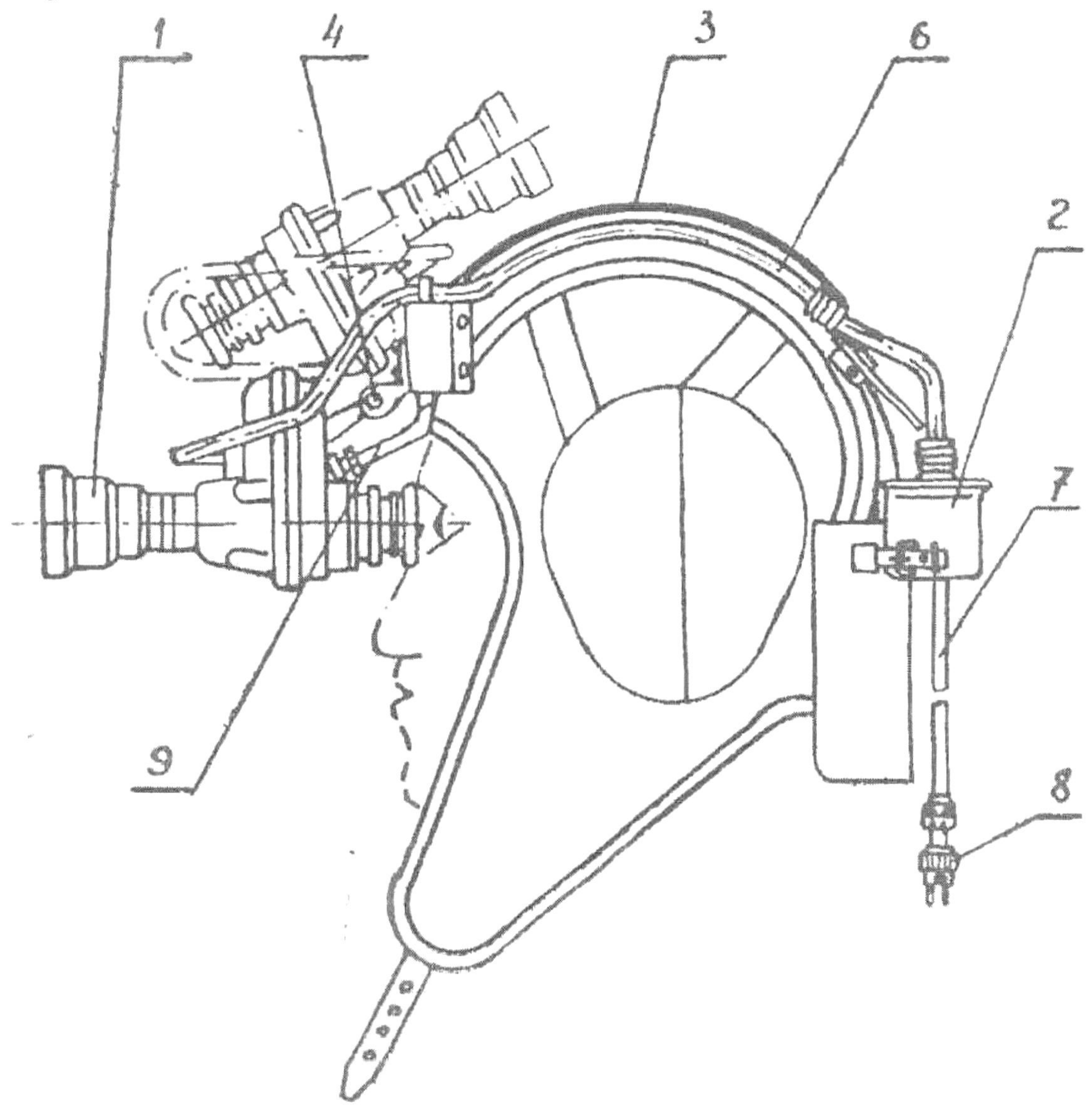

Fig. 11

Le binoculaire 1 est attaché sur la partie avant du casque 3 à l'aide de la charnière 4. Les supports de charnière ont des articulations mobiles. Cela permet au conducteur de placer les jumelles dans la position qui convient le mieux pour l'observation. Le binoculaire est maintenu dans une position réglée au moyen des dispositifs d'accouplements dans les articulations de la charnière. Les accouplements à crémaillères sont serrés par des ressorts hélicoïdaux. Si nécessaire, le conducteur peut relever le binoculaire vers le haut, en position de repos, comme indiqué sur la fig. 11 ligne pointillée.

Le bloc d'alimentation haute tension 2 est fixé à l'arrière du casque par trois boucles et équilibre la masse du binoculaire. L'alimentation est connectée au binoculaire par un câble haute tension 6, à travers lequel une haute tension est fournie pour alimenter les convertisseurs électro-optiques. Pendant le fonctionnement de l'appareil, la fiche 8 du câble à basse tension 7 de l'unité d'alimentation est connectée à une prise pour câble avec adaptateur à deux fiches, par laquelle la tension d'alimentation est fournie depuis la prise du réseau de bord du véhicule

ATTENTION !

Les photocathodes sont extrèmement sensibles à la lumière et doivent être protégées de l'éclairage direct par les bouchons d'objectif, et lorsque l'éclairage ambiant dépasse 1 lux
Il est interdit d'allumer l'appareil à la lumière du jour ou dans une pièce éclairée avec un éclairement supérieur à 1 lux.
Les règles d'installation de l'appareil, de manipulation de l'appareil, de fonctionnement, de stockage, de transport, ainsi que des informations sur les éventuels dysfonctionnements et les moyens de les éliminer, sont décrites dans le manuel d'utilisation de l'appareil,